萌趣企鹅生活图鉴

[日]渡边佑基 著　吕平 译

北京时代华文书局

图书在版编目（CIP）数据

萌趣企鹅生活图鉴 / （日）渡边佑基著；吕平译 . — 北京 : 北京时代华文书局 , 2023.1
ISBN 978-7-5699-4886-8

Ⅰ . ① 萌… Ⅱ . ① 渡… ② 吕… Ⅲ . ① 企鹅目－普及读物 Ⅳ . ① Q959.7-49

中国国家版本馆 CIP 数据核字 (2023) 第 045810 号

北京市版权局著作权合同登记号 图字 : 01-2019-3584 号

Soredemo Ganbaru! Don't Mind na Penguin Zukan by Yuuki Watanabe
Copyright © 2018 Yuuki Watanabe
Original Japanese edition published by Takarajimasha, Inc.
Simplified Chinese translation rights arranged with Takarajimasha, Inc.
Through Hanhe International(HK) Co., Ltd.
China Simplified Chinese translation
rights © 2019 Beijing Time-Chinese Publishing House Co., Ltd..

拼音书名 | MENGQU QI'E SHENGHUO TUJIAN

出 版 人 | 陈　涛
责任编辑 | 余荣才
责任校对 | 张彦翔
装帧设计 | 孙丽莉　王艾迪
责任印制 | 訾　敬

出版发行 | 北京时代华文书局 http://www.bjsdsj.com.cn
　　　　　北京市东城区安定门外大街 138 号皇城国际大厦 A 座 8 层
　　　　　邮编：100011　电话：010 - 64263661　64261528
印　　刷 | 三河市嘉科万达彩色印刷有限公司　0316-3156777
　　　　　（如发现印装质量问题，请与印刷厂联系调换）
开　　本 | 880 mm × 1230 mm　1/32　　印　张 | 4　　字　数 | 100 千字
版　　次 | 2023 年 7 月第 1 版　　印　次 | 2023 年 7 月第 1 次印刷
成品尺寸 | 145 mm × 210 mm
定　　价 | 55.00 元

前　言

你知道，在日语中用来描述企鹅的汉字是什么吗？

答案是——片吟鸟。一百多年前，白濑矗[1]率领南极探险队登上南极大陆，他们成为第一次遇见企鹅的日本人，其中的一名队员后来写了一本书，名为《南极特产：片吟鸟的故事》。"片吟"是英语penguin的假借字，我莫名地喜欢这两个汉字。因为"吟"就是"唱"的意思，它让我仿佛看到企鹅在唱歌、跳舞的情形。你有没有这种感觉呢？

一言以蔽之，企鹅是一种充满萌趣的鸟：它们其实能力很强，尽管总让人觉得还存在不足的地方；它们其实生活得很顽强，尽管总会干出一些拖后腿的事。本书收集了能体现企鹅生活中充满萌趣的各种小故事。

根据我个人的见解，鸟的魅力是由"外观""动作"和"叫声"三个方面综合决定的。没有人会否定企鹅的外表吧。它们摇摇晃晃的走路姿势其实也很不错，因为世上本无完美之事——是这样的！只是，企鹅的叫声让人难以接受。它们只能发出"呱"或者"哇"之类的叫声，这在我看来是没有品位的。

如果企鹅能发出像汉字"片吟鸟"的发音那样"啾啾"的叫声，那它们该有多么可爱啊，现在该成为多么知名的明星啊——不过，要知足！

《南极特产：片吟鸟的故事》
一书封面

---

[1]　白濑矗，日本探险家，第一个在南极大陆刻上名字的非白种人。今天的南极罗斯冰架东部的白濑海岸，就是以他的名字命名的。

CONTENTS

目 录

第1章

在日本就能见到！充满萌趣的企鹅

世界上有哪些种类的企鹅呢？ 002

跪坐着的王企鹅：
明明是国王，却放低姿态？ 004

为爱执着的帝企鹅：
养育孩子的时候停止进食 006

被叫错名字的巴布亚企鹅：
从学名来看，好像来自热带 008

会变脸的阿德利企鹅：
生气时，脸会变成三角形 010

黑白分明的帽带企鹅：
又是胡子脸，又是入室抢劫？！ 012

前仆后继的北跳岩企鹅：
经常被推下悬崖 014

集体行动的南跳岩企鹅：
随波逐流 016

俏皮的马可罗尼企鹅：
对于第一枚企鹅蛋而言，出生就意味着死亡 018

充满心计的小蓝企鹅：
把小蓝企鹅惹怒到6级会很危险 020

敢冒险的开普敦企鹅：
最近年轻企鹅在故乡遇到了粮食短缺问题 022

筑巢引凤的麦哲伦企鹅：
就算是建新巢，雌企鹅对住房审查也很严格 024

非常羞怯的洪堡企鹅·
虽然在日本最常见，但它是濒临灭绝的物种 026

企鹅博士在南极①

企鹅的生活状况，还有很多谜团！ 028

在生物信标跟踪记录调查中发现的水中猎人——企鹅的实际状况 028

第2章

告诉你！ 充满萌趣的企鹅的秘密

企鹅不飞的痛苦理由 032

走路摇摇晃晃的缘由 034

企鹅不要领导的领导论 036

不得不设立保育园的艰难时日 038

摸起来很不舒服 040

对于野生企鹅来说，人类只是块石头而已 042

吃石头的极端情况 044

王企鹅从国王宝座上下来的理由 046

特意吃几乎没有营养的水母 048

远古时代企鹅超大的尺寸感 050

企鹅博士在南极②

没有水、没有电的南极考察生活 052

一个半月才能洗一次澡！与日常生活相距甚远的世界 052

第3章

果真如此吗？ 充满萌趣的企鹅的日常生活

因为排了很多粪便，所以巢的周围开满了粪便花 056

换羽中的莫西干发型太难看了 058

企鹅只有两种味觉 060

还是不要被企鹅打到为好 062

流鼻涕真的很麻烦 064

企鹅有一把空气座椅 066

虽然看起来像绒毛，但其实全是羽毛 068

天热时，企鹅也会像狗一样张嘴散热 070

太冷了就只让脚后跟着地 072

也只有企鹅，天冷的时候会想到做互推旋转游戏 074

一旦离开父母，在被叫到之前就无法与父母相见 076

与其走路，不如用肚子滑得快 078

虽然可爱，但得接受超级斯巴达教育 080

企鹅博士在南极③

为了调查研究，捕获企鹅时，千万别被打到 082

通过安装在企鹅背上的记录仪，我们看到了企鹅的世界 083

第4章

独家新闻！ 充满萌趣的企鹅事件

夫妇之间啄嘴抢鱼 086

千万不要大意！巢会被人盯上！ 088

有时会落入渔夫的网中 090

单身企鹅有时会成为保镖 092

有企鹅和外星人通信？！ 094

吃多了就像相扑选手一样 096

企鹅博士在南极④

发生了什么？与以往不同的南极景象 098

企鹅告诉我们南极和冰的真正关系 098

第5章
听听饲养员怎么说！水族馆里充满萌趣的企鹅

即使是同雌性伴侣，也有孵育企鹅蛋的时候 102

雄性情侣的结局和电视剧一样精彩 104

企鹅界也有过度保护的家庭 106

即使在自然界里是敌人，但在水族馆里和海豹关系超好 108

有只企鹅爱上了饲养员 110

王企鹅有时会把冰块当作企鹅蛋孵育 112

有时会在妻子外出时把外遇对象带到巢里来 114

有只企鹅迷上了动漫角色 116

被吓得拍翅乱跑 118

结束语 120

第1章

在日本就能见到！

充满萌趣的
企鹅

现在，世界上的企鹅共有18种，

在日本的水族馆里可以见到12种。

我们来了解一下，

在日本就能见到的可爱有趣的企鹅小故事吧。

小蓝企鹅　42厘米
加拉帕戈斯企鹅　50厘米
南跳岩企鹅　55厘米
北跳岩企鹅　57厘米
黄眉企鹅　63厘米
斯岛黄眉企鹅　63厘米
翘眉企鹅　64厘米
开普敦企鹅　65厘米
洪堡企鹅　67厘米
阿德利企鹅　70厘米
马可罗尼企鹅　70厘米

世界上有哪些种类的企鹅呢？

现在世界上的企鹅共有18种，分成6个属。在日本能见到12种。

王企鹅属包括大型的帝企鹅和王企鹅两种。这两种企鹅都不筑巢，在孵育期间，它们把企鹅蛋或小企鹅放在脚上缓慢地移动。

阿德利企鹅属有巴布亚企鹅、阿德利企鹅和帽带企鹅3种。这3种企鹅的共同特征是，有着拖到地面的长长尾羽。

北跳岩企鹅、南跳岩企鹅、黄眉企鹅、斯岛黄眉企鹅、翘眉企鹅、马可罗尼企鹅、皇家企鹅这7种企鹅属于冠企鹅属，是种类最多的一个属。直到最近，跳岩企鹅才被分为北跳岩企鹅和南跳岩企鹅。这七种企鹅的头

麦哲伦企鹅　　帽带企鹅　　黄眼企鹅　　皇家企鹅　　巴布亚企鹅　　王企鹅　　帝企鹅

72 厘米　　72 厘米　　73 厘米　　74 厘米　　79 厘米　　94 厘米　　113 厘米

上都有装饰羽（冠羽）。

　　黄眼企鹅属只有黄眼企鹅1种，属于一属一种。它们的特征是头部呈黄色。

　　最小的小蓝企鹅属于小蓝企鹅属，与其他企鹅的不同之处是，它们以前倾的姿势行走。

　　环企鹅属有开普敦企鹅（斑嘴环企鹅）、洪堡企鹅、麦哲伦企鹅和加拉帕戈斯企鹅4种，特征是腹部有斑点。

跪坐着的王企鹅

明明是国王，却放低姿态？

王企鹅在孵育后代的时候，会把企鹅蛋或小企鹅放在脚上，并将身体稍微向前弯曲，使腹部口袋状的羽毛覆盖住企鹅蛋或小企鹅，以让企鹅蛋或小企鹅保持温度。

这时，人们可以看到王企鹅呈现出独特的姿势，它们的肚子下方隆

[企鹅档案]

王企鹅

体长：90cm ~ 95cm
体重：9.0kg ~ 16.0kg
分布：亚南极岛屿

起，看起来就像跪坐着一样。不过，即使王企鹅的肚子下面没有企鹅蛋或小企鹅，它们也会呈跪坐状。所以，在王企鹅站起来之前，人们很难知道它们的肚子下面有没有企鹅蛋或小企鹅。

王企鹅也被称为"国王企鹅"。明明是国王，却跪坐在地上——这种姿势让它们看上去显得很卑微。并且，王企鹅整个群体都做着这个姿势，以致看起来它们既像是在接受着某种惩罚，又像是在倾听着某人的说教。

在狂风呼啸的日子里，王企鹅们都背对着风，面向同一个方向跪坐着。这让人看到了一种更加突出的超现实感。

我们经常能看到，野生的王企鹅均保持这种跪坐姿势。也许对它们来说，这种姿势是最放松的姿势。

为爱执着的帝企鹅

养育孩子的时候停止进食

　　帝企鹅在孵蛋期间，无法抽身去海里捕鱼。因而，面对暴风雪肆虐，它们无法补充食物，唯有忍饥挨饿。帝企鹅在企鹅科中体形最大，雄帝企鹅可以停食90天到120天，也就是说，在最长可达4个月的孵蛋期间，它们除了雪以外什么都不吃。帝企鹅的停食能力简直太惊人了。

　　雌帝企鹅因为产蛋耗费了大量体力，所以蛋产出后，它们就把孵化任务交给雄企鹅，自己则去海里捕食以帮助恢复体力，一直到小企鹅破壳而出时才回来。虽说如此，雌帝企鹅也会有30天到45天的停食时间，它们也是相当辛苦的。不用说，停食会使体重减轻很多。雌帝企鹅的体重会比停食前减少22%，雄帝企鹅的体重则较停食前减少41%。它们这样专心孵蛋，除了爱外，没有别的什么东西能够让它们做到这种程度。

　　比较少见的情况是，雌帝企鹅去海里捕食时遭遇了事故，也就是存在有去无回的情况。这时，雄帝企鹅因等待的时间超出身体忍耐极限而放弃孵蛋，前往海里捕食："我已经忍到极限了……孩子，对不起！"

[企鹅档案]

帝企鹅

体长：100cm ~ 130cm
体重：19.0kg ~ 46.0kg
分布：南极大陆沿岸

被叫错名字的巴布亚企鹅

从学名来看，好像来自热带

就体形来说，巴布亚企鹅在企鹅科中排在第三位。它们的特征是，眼睛上方有白色花纹，嘴巴呈橙色。它们生活在南极半岛及其附近的岛屿上。1781年，在南美大陆南端的马尔维纳斯群岛（英国称福克兰群岛），人们首次发现它们。

"gentoo"是古时候表示"印度"的语言。有一种说法是，马尔维纳斯群岛的人们认为，巴布亚企鹅眼睛上方的白色花纹很像印度人的头巾，因而这样称呼它们。但是，更让人不解的是，巴布亚企鹅学名中含有"papua"这几个英文字母。这是因为人们在制作它们的标本时，标记错了，误认为它们来自巴布亚新几内亚，所以就有了如今的学名。

巴布亚新几内亚是位于赤道南部紧邻赤道的热带国家。巴布亚企鹅明明生活在寒冷的南极地区，却很遗憾地被人起了一个和它完全没有关系的名字——一个听起来就让人感到非常炎热的名字。

[企鹅档案]

巴布亚企鹅

体长：60cm ~ 81cm
体重：4.5kg ~ 8.5kg
分布：南极半岛及亚南极岛屿

反而是寒冷地区
的企鹅

会变脸的阿德利企鹅

生气时，脸会变成三角形

阿德利企鹅有着黑白分明的双色调，经常被人们用作企鹅卡通角色的原型。它们看上去都有一双明亮的大眼睛，细看可知它们眼圈中的白色部分其实是分布在眼睛周围的皮肤，看起来就好像用眼线一样的白色眼妆来衬托眼睛。

阿德利企鹅一旦生气，头上的羽毛就会竖立起来。这时，不知什么原因，它们的脸就会变成三角形。

实际上，阿德利企鹅的攻击性非常强。它们用石头筑巢时，同伴之间经常会因争夺石头而大打出手。一只筑巢或守巢的企鹅，一旦别的企鹅哪怕只是稍微靠近自己的巢穴，它就会瞪大眼睛，直视入侵者，并用嘴进行啄击，做出威吓的动作……如果两只企鹅进入全面打斗阶段，它们会从胸部开始进行身体撞击，接着用鳍状翅向对方发动猛烈攻击。

与平时人们看到的圆润可爱的形象不同，阿德利企鹅每天至少会生气一次，同时脸会变成三角形。这着实让人惊讶。

阿德利企鹅先生，这种易怒的脾气，怎么就不改改呢？

[企鹅档案]

阿德利企鹅

体长：70cm ~ 76cm

体重：3.8kg ~ 8.2kg

分布：南极大陆沿岸及周边岛屿

生气之前

生气时

又是胡子脸，又是入室抢劫？！

　　帽带企鹅的下巴下面有像胡子一样的黑色纹带，看上去就像系着帽带，因而在英语和西班牙语中，它们被称为帽带企鹅。

　　帽带企鹅像候鸟一样，只在繁殖期回到南极半岛周边的岛屿。繁殖结束后，为了避开南极半岛一带的寒冷，它们会返回北部相对温暖的海域。

[企鹅档案]

帽带企鹅

体长：68cm ~ 77cm
体重：3.2kg ~ 5.3kg
分布：南极半岛、南极周边、亚南极岛屿

目标是那个巢

　　帽带企鹅进入繁殖期后，雄性会比雌性早5天从海里回来，为的是提前筑好巢。不过，这时可能会发生一些事件，其中之一是帽带企鹅会抢夺阿德利企鹅的巢穴——当然，这是在极少数情况下才会发生的。

　　阿德利企鹅比帽带企鹅早一个月开始繁殖。因此，在帽带企鹅筑巢的时候，阿德利企鹅的孩子已经出生了。个别帽带企鹅会瞄准一个阿德利企鹅巢，然后就在一旁慢慢地走动着，当成年阿德利企鹅准备离巢活动一下身子时，就在它的身子离开巢的那一瞬间，帽带企鹅立刻侵入巢中，然后坐在巢中不动。瞅准阿德利企鹅起身离巢的时候进行抢夺，这种做法简直就是入室抢劫。

　　帽带企鹅抢巢行动快速，这时，阿德利企鹅面对自己的巢被抢占，只能选择忍气吞声。

前仆后继的北跳岩企鹅

经常被推下悬崖

在岩石多的地方和陡峭的崖壁上筑巢，并在岩石上跳来跳去，跳岩企鹅因此而得名。直到最近，人们才根据它们的栖息地和身体特征的不同将其分为北跳岩企鹅和南跳岩企鹅。

北跳岩企鹅的身体通常比南跳岩企鹅大一圈，像眉毛一样的黄色冠羽又宽又长。前者在岩石上排队行走的时候，能带给人一种看喜剧的感觉。

通常的情形是这样的，排在队伍最前面的领头企鹅走到悬崖边停了下来，而紧随其后的第二只企鹅并没有注意到悬崖，会推着领头企鹅继续向前走，直到把领头企鹅从悬崖上推下去。

第二只企鹅发现领头企鹅坠崖后，也许会想："糟了，我也会掉下去的！"当它刚停住脚步，就如同领头企鹅一样，很快被身后的企鹅推了下去。

不过，北跳岩企鹅的身体非常结实。虽然从悬崖上掉下来很危险，但不必为它们担心。不过，我还是希望它们能长进一些，不要一个接一个地被推下悬崖。

[企鹅档案]

北跳岩企鹅

体长：51cm ~ 65cm
体重：2.4kg ~ 4.5kg
分布：南大西洋、南印度洋岛屿

集体行动的南跳岩企鹅

随波逐流

"不和大家待在一起，我会感到不安……"人们常说日本人的集体意识很强，事实上，南跳岩企鹅也具有同样且有趣的意识。

南跳岩企鹅在岩石岛屿周边生活。它们集体去海里，然后一起游回岩石岛屿。上岸时，它们需要跳上陡峭的岩石。为此，它们需要加快速度，增强气势，因为从海水里跳到陡峭的岩石上，是相当困难的。如果不掌握最佳的时机进行跳跃，它们就不能上岸。所以它们通常是一边随波逐流，一边等待最佳的跳跃时机。往往是，有一只好不容易跳上岩石，回头一看，"咦？怎么没有同伴上来……"于是，它会对自己说："大家都还在海里，我讨厌只有我一个人先走！"随即，尽管自己好不容易跳上了陡峭的岩石，它却选择跳回海里。

南跳岩企鹅特别喜欢集体行动，如果不和周围的企鹅在一起，就会变得特别不安。那么，再次等待最佳跳跃时机的南跳岩企鹅，什么时候能重新登上陡峭的岩石呢？

[企鹅档案]

南跳岩企鹅

体长：51cm ~ 62cm

体重：2.0kg ~ 3.8kg

分布：亚南极群岛、福克兰群岛、智利、阿根廷南部

俏皮的马可罗尼企鹅

对于第一枚企鹅蛋而言，出生就意味着死亡

世界上大约有630万对马可罗尼企鹅，它们是栖息数量最多的企鹅。"马可罗尼"在意大利语中有"俏皮者"的意思，因为它们的看起来如同刘海一样的黄色冠羽像意大利面，因而又被叫作"通心面企鹅"。

马可罗尼企鹅在繁殖期会下两枚蛋，但不知为什么，父母会把第一枚蛋从巢里踢出来，放弃孵化。两枚都是受精的蛋，如果进行孵化，应该都能孵出小企鹅，但它们只孵化第二枚。有一种说法是，第一枚蛋比第二枚的块头小一圈，所以它们本能地选择生存率高的一枚。第一枚蛋之所以小，是因为它成为受精卵时，是父母刚从海上回来，身体激素水平较低的时候。而第二枚蛋成为受精卵时，是父母在安全的巢中待了较长时间，身体激素水平较高的时候。所以，第二枚的块头比第一枚大些。

话说回来，即使将第一枚蛋孵出小企鹅，它也不会健康地成长。只是，马克罗尼企鹅为什么要生这样无用的蛋呢？其原因至今还不太清楚。不管怎么说，如果成为第一枚蛋，那就悲哀了。

[企鹅档案]

马可罗尼企鹅

体长：70cm ~ 71cm
体重：3.1kg ~ 6.6kg
分布：亚南极岛屿、智利南部

充满心计的小蓝企鹅

把小蓝企鹅惹怒到6级会很危险

小蓝企鹅是企鹅家族中体形最小的，所以常被人们称作小企鹅。此外，它们还被称作含有"仙子"意思的"神仙企鹅"，以及其他别号。

为了尽可能减少争吵，小蓝企鹅会经历几个不同级别的威吓阶段，以避免不必要的风险。根据加拿大鸟类学者J. R. 沃斯博士发表的论文，小蓝企鹅的攻击行为分为6个阶段（6个等级）。

起初，放低姿态慢慢地远离对手（等级1）；然后，一动不动地转移视线（等级2）；接着，站起来张开鳍状翅（等级3）；再慢慢地迂回接近对手，"再靠近就会遇到大麻烦了！"（等级4）；再接着，就用嘴猛啄对手（等级5）；最后，一边叫嚣，一边撕咬对手（等级6）。它们就是这样逐渐提高威吓等级的。

可见，小蓝企鹅既有可爱的外形，也有很强的攻击性。"你都惹我生气到这种地步了，我也就无法控制自己啦！"

［企鹅档案］
小蓝企鹅

体长：40cm ~ 45cm
体重：0.5kg ~ 2.1kg
分布：澳大利亚南部、新西兰

静悄悄地

等级 1
慢慢地远离

等级 2
一动不动地转移视线

等级 3
张开鳍状翅

等级 4
迂回接近

怒气冲天

等级 5
用嘴猛啄

呱

等级 6
叫嚣着撕咬

敢冒险的开普敦企鹅

最近年轻企鹅在故乡遇到了粮食短缺问题

开普敦企鹅是以南非共和国立法首都开普敦的名称命名的，因为生活在非洲南部，所以也被称为非洲企鹅；又因为它们的叫声像公驴，所以也被称为公驴企鹅。另外，它还被称为斑嘴环企鹅。

开普敦企鹅的数量在逐渐减少，现在已经成为濒临灭绝的物种。最近

[企鹅档案]

开普敦企鹅

体长：60cm ~ 70cm
体重：2.0kg ~ 5.0kg
分布：南非、纳米比亚

好消息

的研究发现它们濒临灭绝的一个原因。

它们夏天在南非的南部繁育后代，到了冬天就会迁移到温暖的海域。它们以鱼类和浮游生物丰富的温暖海域为目的地，以水温等为指标进行大迁徙。

它们从幼雏成长为年轻的小企鹅时，就会离开繁殖地，开启有生以来的第一次大冒险。它们对自己说："我会努力的！"但是，在过去它们能捕捉到很多沙丁鱼的海域中，由于人类大规模地捕捞及地球变暖等因素的影响，沙丁鱼的数量急剧减少。在第一次迁徙中，它们什么也不知道。当它们奋力奔向大海时，海里已没有可捕之鱼，它们再也不能像过去它们的先辈那样轻易地找到食物。这是过于悲伤的现实，是值得我们人类思考的地方。

筑巢引凤的麦哲伦企鹅

就算是建新巢，雌企鹅对住房审查也很严格

在大航海时代的1522年，冒险家斐迪南·麦哲伦完成环游世界一周。他在世界上率先报告了一种企鹅种群，人们就把这个种群的企鹅命名为麦哲伦企鹅。

麦哲伦企鹅在平地上低矮的树下挖洞，筑成有遮盖的巢。这样可以避免风吹雨打和阳光直射。事实上，它们的巢建造得好与坏，是关系孵化出来的小企鹅能否离巢生活的重要因素。

麦哲伦企鹅结为夫妻后，双方间的关系非常好。对于产卵的雌企鹅来说，巢的舒适度是个大问题，所以会进行严格的住房审查。

麦哲伦雄企鹅会为争夺雌企鹅和巢穴而与其他雄企鹅战斗。就建造巢穴来说，当它们把巢改建到条件更好的地方并得到雌企鹅的夸奖"好漂亮的房子啊！"时，就会受到雌企鹅欢迎，并被接纳；当它们把巢穴建在条件不好的地方，往往就不能吸引雌企鹅。即使雄企鹅认为新巢位置不错，雌企鹅也有可能会觉得"这个房子不行……"。这样一来，雄企鹅就会被拒之门外。

[企鹅档案]

麦哲伦企鹅

体长：70cm ~ 76cm
体重：2.3kg ~ 7.8kg
分布：阿根廷、智利、福克兰群岛

非常羞怯的洪堡企鹅

虽然在日本最常见，
但它是濒临灭绝的物种

洪堡企鹅栖息在有洪堡海流的南美洲秘鲁等地。我们经常能在水族馆里见到洪堡企鹅，它们是大家很熟悉的一种企鹅。

但是，你知道吗？令我们担心的是，洪堡企鹅很可能会灭绝。究其原因，虽然有气候变化的影响和外来物种带来的疾病，但很大程度上是由人类造成的。如果人类继续大量捕捞沙丁鱼等鱼类，它们就没有赖以生存的食物了。另外，当地还有人会吃它们下的蛋，以及存在捕食它们的其他动物。

世界上约有4%的洪堡企鹅生活在日本。2017年年末，日本的洪堡企鹅饲养数量约180只。由于温暖的气候和饲养员高超的繁殖技术，它们的数量在不断增加。希望野外的环境更加有利于它们生存。

[企鹅档案]

洪堡企鹅

体长：65cm ~ 70cm
体重：4.0kg ~ 4.7kg
分布：智利、秘鲁

企鹅的生活状况，还存在很多谜团！

　　我们对企鹅的生活状况能有多少了解呢？怎样才能调查了解企鹅的生活状况呢？如果企鹅一直生活在陆地上或者冰面上，我们可以通过眼睛来观察。这样就能了解企鹅繁育后代的情形，比如孵蛋需要几天，怎么抚养小企鹅等。但是，随着"扑通"一声，企鹅跳进海里，我们就束手无策了，因为我们无法通过肉眼观察到企鹅在海里生活的情形。

　　这时候，需要用到的就是被称作bio-logging的调查方法。bio-logging就是bio（生物）和logging（记录）这两个单词的组合，意思为"生物信标跟踪记录"。这个方法是在企鹅的背上安装一个小型的数字记录仪，通过分析记录仪采集的数据来了解企鹅在海中的活动轨迹。随着电子设备技术的日益进步，记录仪的性能也在不断提高。

在生物信标跟踪记录调查中发现的水中猎人 —— 企鹅的实际状况

　　日本国家极地研究所的研究小组使用生物信标跟踪记录技术调查南极阿德利企鹅的生活状况。2010年至2011年间，研究人员在企鹅的背上安

装了超小型摄像机，成功地从企鹅的角度拍摄到了企鹅在海中的状况，这在世界上是首次。结果表明，阿德利企鹅在潜水过程中，以惊人的速度不断捕捉猎物。在90分钟的拍摄时间里，一只企鹅捕获了244只磷虾，另一只企鹅捕获了33条鱼。在陆地上悠闲自在的企鹅，进入大海后就变成了本领高超的猎人。

　　通过使用最新技术的生物信标跟踪记录调查，企鹅这种不可思议的动物的秘密正在一点点浮出水面。

第 2 章

告诉你！

充满萌趣的
企鹅的秘密

对我们而言，在企鹅身上还存在很多未解之谜。

在本章，我们将揭开每天带给我们治愈不开心的企鹅们

充满萌趣的秘密。

不过，看似知晓，实际上仍是雾里看花。

发现真相的惊喜一直延续！

企鹅不飞的痛苦理由

　　企鹅属于鸟纲企鹅目企鹅科，是鸟类中的一种。大约在6500万年前，企鹅的祖先一直在空中飞翔。证据就是它们有羽毛和翅膀，屁股上有曾经在着陆时作为"刹车"使用的尾羽。

　　后来，企鹅为什么不能飞了呢？有人认为，企鹅为避免与其他鸟类竞争，选择了进入海洋；也有人认为，因为海中的古代爬行类动物已经灭绝，所以企鹅填补了它们的空白；等等。

　　不管怎么说，企鹅舍弃了在空中飞翔的能力。说不定，企鹅觉得进入大海，天敌会比较少。"会有很多猎物哦！"也许当时企鹅是这样想的。

　　企鹅在海水中会因浮力而浮起来。它们就使用鳍状翅进行振动，产生向下的力量。这与在空中飞翔的鸟为了不被重力拉到地面上，通过振翅而产生向上的力量正好相反。从这个意义上说，企鹅是在海水里"飞翔"。

嗒吧嗒吧嗒吧嗒吧嗒吧嗒吧嗒吧嗒吧嗒吧

【指的是哪种企鹅？】

王企鹅　帝企鹅　巴布亚企鹅　阿德利企鹅　帽带企鹅　北跳岩企鹅　南跳岩企鹅　马可罗尼企鹅　小蓝企鹅　开普敦企鹅　麦哲伦企鹅　洪堡企鹅

水中

走路摇摇晃晃的缘由

　　企鹅在陆地上摇摇晃晃走动的身姿非常可爱。为什么它们会有这种走路姿势呢？仅从企鹅的外在看，也许有人会认为是企鹅的腿太短了，走路很困难，所以走起来时才变得摇摇晃晃的。

　　其实，企鹅走路身子摇晃的原因并不是因为腿短。虽然从外部看上去它们的腿很短，但实际上它们的腿保持着膝盖弯曲成直角的状态。为什么它们会这样呢？这是为了保护自己不受寒冷的侵袭。它们将腿的大部分都

摇摇晃晃

挺直

收进腹部，最终进化成现在只伸出脚尖的样子。而且，企鹅在水中游泳时双腿始终并拢着。只要保持这种状态迅速上岸，它们的背部就会变成挺直的状态。这样一来，它们就无法很好地保持身体平衡，在陆地上就变成摇摇晃晃的、不稳定的走路方式。

　　只是，一旦进入海中，企鹅就会像别的海洋生物一样美丽！它们游泳的速度非常快。在地面上走路摇摇晃晃，在海水中游泳十分迅捷，这两者之间的巨大反差也是企鹅的魅力之一。

【指的是哪种企鹅？】

王企鹅　　帝企鹅　　巴布亚企鹅　　阿德利企鹅　　帽带企鹅　　北跳岩企鹅　　南跳岩企鹅　　马可罗尼企鹅　　小蓝企鹅　　开普敦企鹅　　麦哲伦企鹅　　洪堡企鹅

快点！

企鹅不要领导的领导论

企鹅给人强烈的集体行动印象。虽然大家一起行动，但实际上它们中没有特定的领队，它们并不是为了互相合作而在一起，而是单纯地以"在一起就很难被敌人袭击"这种以自我为中心的理由而一起行动。

在陆地上，为了减少被敌人袭击的危险，企鹅集体生活，即使被袭击也会勇敢地威吓并赶走敌人。同样，入海的时候，它们从同一个地方集体潜入海水中，然后从同一个地方集体登陆。但是，跳海时谁先跳是个大问

题，因为海里可能会有海狗、海豹等天敌在等待着它们。

　　因为没有领队，所以只要有一只企鹅先跳进海水中，其他企鹅就会跟在后面一个接一个地跳进海水中。在水中，它们也不会集体捕猎，而是分开寻找猎物——磷虾和鱼。上岸的时候，只要有一只上岸，其他企鹅也会赶紧上岸，紧接着登陆。

　　大家一起潜水，也就不觉得怕了！在没有领导的情况下，企鹅就是这样保护自己免受敌人的伤害的。

〔指的是哪种企鹅？〕

王企鹅　　帝企鹅　　巴布亚企鹅　阿德利企鹅　帽带企鹅　　北跳岩企鹅　南跳岩企鹅　马可罗尼企鹅　小蓝企鹅　开普敦企鹅　麦哲伦企鹅　洪堡企鹅

037

不得不设立保育园的艰难时日

　　小企鹅从蛋中孵出后，它的父母会轮流去海边捕食，始终留一只保护小企鹅。但是，过了一个月左右，小企鹅长大了，会走路了，食量也增加了。这时父母还轮流着把鱼带回来给小企鹅吃，就会满足不了小企鹅的食量。因此企鹅夫妇必须同时去海里捕鱼。于是，就剩下小企鹅在巢边随意地来回走动。

　　众多的小企鹅为了保护自己不受寒冷和天敌伤害，自然而然地聚堆待在一起。这就是被称为"托儿所"（共同保育所）的企鹅保育园形成的原因。

　　为了让自己的孩子吃得饱饱的，企鹅夫妇不得不一起出海捕鱼。正处于食物需求高峰期的企鹅家庭在哪里都不容易。

　　在大风低温的日子里，人们可以看到比平时多得多的"托儿所"。小企鹅就像馒头一样，互相温暖着，忍受着寒冷。当某只小企鹅的父母从海里回来时，它会对同伴们说："等着我！"然后，赶紧跑到父母身边要鱼吃。

瞧，快去吧！

摸起来很不舒服

大家摸过企鹅吗？摸起来到底是什么样的手感呢？企鹅长着密密麻麻的羽毛，也许有人会觉得有意想不到的舒服手感。但是，企鹅的羽毛很硬，不是软绵绵的，摸上去就像摸着黏糊糊的橡胶，感觉很粗糙。

这种黏糊糊的东西来自企鹅尾巴根部叫作尾脂腺的地方分泌的脂类。企鹅用嘴灵巧地吮吸这种脂类，一有时间就涂满全身。羽毛上只要涂上这种厚厚的脂类，就会有非常好的防水效果。多亏了这种脂类，涂在羽毛上后，企鹅即使潜入海水中也不会弄湿皮肤，从而保持了体温。这样的御寒措施，实属万全之策。

另外，企鹅的皮肤完全被羽毛覆盖，就像穿着温暖的羽绒服一样，羽毛根部附近还有蓬松的绒毛，紧紧地覆盖着皮肤，封闭着使体温不挥发。因而，即使帝企鹅和阿德利企鹅等生活在非常寒冷的南极，它们也因自身具备这样的御寒功能，从而能在这样的环境下保持38℃左右的体温，身体总是暖融融的。

【指的是哪种企鹅？】

王企鹅　　帝企鹅　　巴布亚企鹅　　阿德利企鹅　　帽带企鹅　　北跳岩企鹅　　南跳岩企鹅　　马可罗尼企鹅　　小蓝企鹅　　开普敦企鹅　　麦哲伦企鹅　　洪堡企鹅

041

对于野生企鹅来说，
人类只是块石头而已

在鸟类中有一种很常见的学习现象，叫作"印随行为"。印随行为是指一些种类的刚出生或孵化不久的动物会记住眼前的移动物体，并将其当成自己的母亲，会对其产生一生的依恋。

在企鹅身上也能看到印随行为。据说，小企鹅从蛋里孵出的第一时间如果看到的不是人类，就不会对人类有亲近行为。特别是在南极生长的企鹅，即使研究人员在附近，它们也完全无视，就如同他们是石头。

不过，企鹅间也有性格上的差异。如果人类过于接近它们，有的企鹅会逃跑，有的企鹅会挺身应对，反应各异；有时，当南极考察船出现时，整个企鹅群都会靠近考察船。

有项实验分别研究当以小企鹅和企鹅蛋为食的天敌接近时，以及当人类接近时，企鹅的心率会有什么样的不同。结果表明，当有陌生人接近时，企鹅的心率上升得更快。对于野生企鹅来说，比起天敌，陌生的人类带给它们的压力更大。

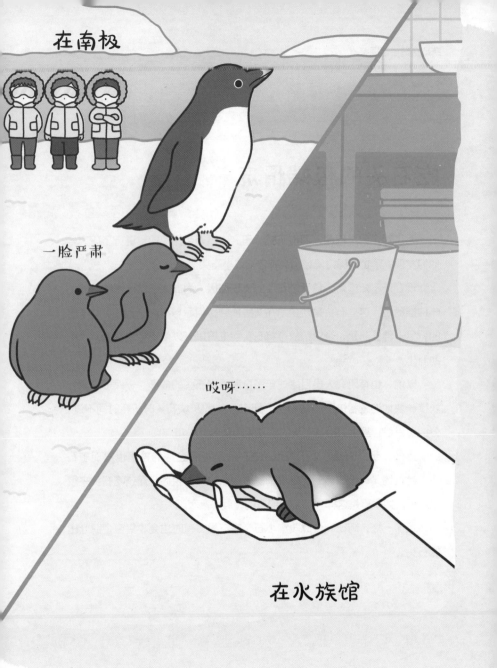

在南极

一脸严肃

哎呀……

在水族馆

〖指的是哪种企鹅？〗

王企鹅　帝企鹅　巴布亚企鹅　阿德利企鹅　帽带企鹅　北跳岩企鹅　南跳岩企鹅　马可罗尼企鹅　小蓝企鹅　开普敦企鹅　麦哲伦企鹅　洪堡企鹅

吃石头的极端情况

为了对企鹅进行深入调查研究，研究人员对帝企鹅的胃进行了研究。他们发现，帝企鹅的胃里经常会有2~3块小石头。

现在还不知道帝企鹅吞进石头的真正原因，为此人们做出两种推测。一种推测是，这些石头是帝企鹅在海里捕到猎物后与猎物一起吞进肚子里的；另一种推测是，帝企鹅故意将石头吞进胃里，以便于将食物磨碎，帮助消化。

以前，也有研究人员目睹成年王企鹅吞进石头的情形。一只王企鹅一块接一块地连续吞进了31块石头，到它吞进第24块石头时所耗时间不过1分钟。只是，王企鹅吞进石头的真正原因至今仍未知。

另外，研究人员在处于饥饿状态的小阿德利企鹅的胃里也发现了石头。当企鹅父母没有捕到足够食物的时候，也许小企鹅会通过吃石头来填饱肚子。如果真是这样，那么它们真的是肚子饿了吧……

顺便一提，阿德利企鹅收集小石头来筑巢，有时也会收集帝企鹅吐出的石头。

【指的是哪种企鹅？】

王企鹅　　帝企鹅　　巴布亚企鹅　　阿德利企鹅　　帽带企鹅　　北跳岩企鹅　　南跳岩企鹅　　马可罗尼企鹅　　小蓝企鹅　　开普敦企鹅　　麦哲伦企鹅　　洪堡企鹅

王企鹅从国王宝座上下来的理由

　　"King"意为国王，"Emperor"意为皇帝，两者都是尊贵而强大的名字，只是，两者中到底哪一个更"高人一等"呢？你有过这样的疑问吗？

　　帝企鹅的体形最大，体长为112~115厘米。王企鹅的体形排在第二位，体长为94~95厘米。生活在南极周边岛屿上的王企鹅最早出现在文献中是在1778年。因为它们比之前人们发现的企鹅都大，所以被命名为"国王"企鹅。

　　而帝企鹅生活在南极大陆，并且被发现的时间比王企鹅晚。帝企鹅最早出现在文献中是1844年，比王企鹅晚了66年。因为帝企鹅的体形比王企鹅更大，所以人们就取了"皇帝"这个名字，意思是比国王还要大。由此，一度荣登体形最大宝座的王企鹅，被帝企鹅后来居上，赶下了宝座。

帝企鹅

王企鹅

113 厘米

94 厘米

明明我先被发现……

【指的是哪种企鹅？】

王企鹅　　帝企鹅　　巴布亚企鹅　阿德利企鹅　帽带企鹅　北跳岩企鹅　南跳岩企鹅　马可罗尼企鹅　小蓝企鹅　开普敦企鹅　麦哲伦企鹅　洪堡企鹅

特意吃几乎没有营养的水母

水母的身体约95%是果冻状的成分。因为几乎没有营养，所以一直以来人们都认为它们不可能是企鹅的食物。但是，2017年9月，日本国立极地研究所的一项研究表明，企鹅经常食用那些几乎没有营养的水母。

2012年至2016年间，研究人员在南半球包括南极昭和基地在内的7个地方实施了生物信标跟踪记录调查。他们在4种类型的106只企鹅背上安装了小型摄像机，几天后回收摄像机。他们通过观察录制的超过350小时的水中影像，除了看到企鹅捕食磷虾和鱼的场景外，还看到企鹅吃水母的场景——一共有198次。

并且，即使有其他鱼可吃的时候，企鹅也会选择吃水母。由此看来，企鹅吃水母，并不是因为没有其他东西可吃。选择那些游泳速度慢、容易捕捉的水母作为食物，企鹅或许从中获得了相应的营养。

远古时代企鹅超大的尺寸感

1859年，相关人员在新西兰发现了2500万年前到3000万年前的企鹅化石。这是人类最初发现的企鹅化石。从那之后，人们在南极、澳大利亚、南非、南美洲等地共发现了40种以上的企鹅化石。从这些化石中可以看出，很久以前地球上存在着比现在最大的帝企鹅还大的企鹅。

最近，人们在新西兰发现了一种巨大的企鹅化石。根据其中企鹅的翼和脚的骨骼推测，这只企鹅生活在远古时期，体重达101千克，体长竟然有177厘米——有人类成年男性那么高！这着实令人吃惊。这只企鹅的个头竟然需要我们仰视，给人一种超大的尺寸感。

这只企鹅被命名为"**クミマヌ・ビケアエ**"（库密玛努企鹅）。"**クミ**"在毛利语中是"怪物"的意思，"**マヌ**"是"鸟"的意思，合起来就是与它的名字相称的"像怪物一样的鸟"，真是名副其实。

库密玛努企鹅
177 厘米

成年男性
170 厘米

帝企鹅
112 厘米

小蓝企鹅
42 厘米

【指的是哪种企鹅？】

王企鹅　　帝企鹅　　巴布亚企鹅　　阿德利企鹅　　帽带企鹅　　北跳岩企鹅　　南跳岩企鹅　　马可罗尼企鹅　　小蓝企鹅　　开普敦企鹅　　麦哲伦企鹅　　洪堡企鹅

没有水、没有电的南极考察生活

在调查研究企鹅的过程中，我在南极昭和基地附近的一座小屋里待了一个半月左右。在距离小屋3分钟左右路程的地方聚集着200多只企鹅，它们在此繁衍后代。这里真是一个方便调查研究企鹅的好地方。但是，因为这里是远离人类生活的地方，所以没有自来水，也没有电。淡水是装在塑料桶里运来的，而电只是在需要用电的时候通过启动发电机发电才有。当然，这里也不会有超市，人们吃的食物主要是带来的冷冻食品、大米、罐头、点心等。在调查小屋吃的咖喱饭和火锅等露营料理特别好吃，不知不觉间就会吃多。晚上裹在睡袋里睡觉，像攀登阿尔卑斯山的登山者一样，裹在上等的睡袋里睡觉，简直就像被天使的翅膀包裹着一样。周围一片寂静，不过有时能听到阿德利企鹅的叫声，那叫声像极了乌鸦的叫声。

一个半月才能洗一次澡！与日常生活相距甚远的世界

因为没有浴室，所以需要忍耐一个半月之久才能洗一次澡。话虽这么说，但在寒冷的南极不怎么出汗，空气干燥，皮肤也不会黏糊糊的，所以

也没有那么不舒服。我每天晚上都会用湿纸巾擦拭全身，只需这样就很清爽了。

有厕所吗？我知道你肯定想问这个问题。与基地不同，调查小屋里没有厕所，所以被特别允许在海里解决如厕问题。一边看着在远处的冰上"咯噔""咯噔"走着的企鹅，一边站在那里撒尿，那种感觉很好。排大便是相当难的，需要在海边的岩石区域选块地方半蹲，臀部向海的方向突出，让排泄物落在冰缝里。这种愚蠢的姿态如果被人看到的话，想死的心都会有，幸好在南极没有行人，也就不会被人看到。

第 3 章

果真如此吗？

充满萌趣的
企鹅的日常生活

企鹅在陆地上呆呆地站着，在海水里轻快地游泳。

本以为它们什么都不会想，

没想到它们每天都以自己的方式顽强地生活着。

我们来看看企鹅让人忍不住想为它们加油、

充满萌趣的每一天吧。

因为排了很多粪便，所以巢的周围开满了粪便花

阿德利企鹅用小石子堆砌成巢。如果从上面看，会看到以巢为中心呈放射状的白线，形成花一样的纹路。

这条白线的真面目是企鹅的粪便。阿德利企鹅不想弄脏自己宝贵的巢，便把屁股伸到巢外喷射粪便。另外，小企鹅也会模仿父母的动作喷射粪便。这种喷射粪便的方式一代代传承下去。糟糕的是，阿德利企鹅在同伴密集的地方筑巢，邻居的巢就在附近。它们会往巢的四周任意方向喷射粪便，有时就会喷到邻居的身上。不过，因为大家都如此，所以它们并不会因此而吵架。

阿德利企鹅吃了鱼之后会排泄白色的粪便，这是因为粪便中含有尿酸，所以变成白色。如果它们吃了与樱花虾很像的磷虾，粪便就会变成粉红色。另外，它们停食3天以上的时候，胆汁会使粪便的颜色从黄色变成绿色。所以，一看粪便就知道企鹅吃没吃或吃了什么。

【指的是哪种企鹅？】

王企鹅　帝企鹅　巴布亚企鹅　阿德利企鹅　帽带企鹅　北跳岩企鹅　南跳岩企鹅　马可罗尼企鹅　小蓝企鹅　开普敦企鹅　麦哲伦企鹅　洪堡企鹅

换羽中的莫西干发型太难看了

企鹅全身都长有羽毛，但是每年都褪换一次。从旧羽毛脱落到新羽毛长出需要2周至4周的时间，这个过程叫换羽。

换羽过程中羽毛的防水能力下降，企鹅不能潜入海水里捕食。这段时间内它们只能停食。因此，企鹅换羽前需要吃更多的鱼和磷虾等食物，以做好停食准备。

体形最大的帝企鹅换羽所需的时间在34天左右。停食后它们的体重会减少一半，皮下脂肪也消失了，腹部皮肤有可能会出现褶皱。

企鹅在换羽过程中尽量不消耗能量，只让身子一直站着，一心等待脱落的羽毛被风吹掉。

羽毛脱落到最后，只在头顶还留有羽毛，如同莫西干发型，或者只在前胸留有羽毛，如同胸毛。这时，我们可以看到平时难得一见的面色阴郁的企鹅。

【指的是哪种企鹅？】

王企鹅　帝企鹅　巴布亚企鹅　阿德利企鹅　帽带企鹅　北跳岩企鹅　南跳岩企鹅　马可罗尼企鹅　小蓝企鹅　开普敦企鹅　麦哲伦企鹅　洪堡企鹅

企鹅只有两种味觉

　　根据2015年美国密歇根大学发表的一项研究成果表明，在五种味觉中，企鹅只有两种味觉。调查人员除了研究了阿德利企鹅、帝企鹅、帽带企鹅、王企鹅和南跳岩企鹅这5种企鹅外，还研究了鸟类的22种遗传因子。结果表明，包括人类在内的所有脊椎动物都具有甜味、酸味、咸味、苦味和鲜味这五种味觉，而企鹅只能感受到酸味和咸味。

　　"只知道酸和咸，有点可怜……"也许有人会觉得企鹅很可怜，不过，企鹅从海里捕到食物后只会一口吞下，它们是否能像人类一样品尝食物的美味仍是未知的。说不定企鹅并不怎么在意味道呢。

　　顺便一提，企鹅的舌头上和上下颚处有很多向喉咙方向生长的尖刺状突起。多亏了这些突起，企鹅吃进嘴里的鱼才很容易被吞下，也不容易逃到外面。

甜味	酸味	咸味	苦味	鲜味
（甜的）	（酸的）	（咸的）	（苦的）	（好吃）
✕	○	○	✕	✕

只是酸得难受……

还是不要被企鹅打到为好

经过进化，企鹅的一对翅膀变成坚固的鳍状翅，就像一对完整的船桨。企鹅没有鱼和海豚那样的尾鳍，因而在游泳时只能依靠这对鳍状翅。因为水的密度比空气大，所以为了克服在水中穿行时遇到的阻力，企鹅需要强韧的鳍状翅。

企鹅的鳍状翅为扁平的板状，从相当于肩膀部分的上臂骨到翅膀前端只有一个活动关节，整体上呈现出很坚硬的固定不变的状态。在空中飞翔的鸟，出于让身子轻盈的需要，其骨头已进化成中空的，而企鹅的骨头是非常密实的。为了强有力地划水，企鹅鳍状翅上的肌肉也很发达。一旦被这样的鳍状翅击中，会非常痛，就像受到了硬木板敲击一样。如果在寒冷的南极被它击中，疼痛感会加倍。

不仅仅用于划水，企鹅的这对坚韧的鳍状翅也用于打架和攻击天敌，并且是非常有用的。被这样的鳍状翅敲击……光是想想就觉得很疼。

流鼻涕真的很麻烦

　　我们观察企鹅的时候，经常能看到它们左右摇摆着头的样子。乍一看是很可爱的动作，其实这是企鹅在甩鼻涕。准确地说，它们甩的是鼻中的盐水。企鹅不仅吃鱼，还吃大量的甲壳动物，比如磷虾。与鱼类不同，甲壳动物含有大量的盐分。另外，企鹅在捕食过程中，不仅吞进鱼、磷虾，也会吞进含盐量很高的海水，所以企鹅会摄入过多的盐分。

　　企鹅与人类一样，一旦摄入过多盐分，身体就会受到损害。企鹅的眼睛上方有一个活跃的盐腺，它与鼻孔相连，具有肾脏的功能，能从血液中过滤出高浓度的盐水。企鹅通过左右摇摆着头来将这样的盐水扑棱扑棱地甩出去，从而将体内过多的盐分排出体外。

　　实际上，企鹅甩出的盐水要比海水咸得多。人们偶尔会看到被甩出的盐水溅到了其他企鹅身上，觉得这样会带来很大的麻烦。

【指的是哪种企鹅？】

王企鹅　帝企鹅　巴布亚企鹅　阿德利企鹅　帽带企鹅　北跳岩企鹅　南跳岩企鹅　马可罗尼企鹅　小蓝企鹅　开普敦企鹅　麦哲伦企鹅　洪堡企鹅

企鹅有一把空气座椅

　　单从外表上看，很多人都认为企鹅是小短腿。但是，正如前文提到的那样，企鹅绝对不是小短腿，倒不如说企鹅是大长腿更合适。

　　在寒冷的环境中，企鹅会尽量避免将腿脚暴露在外，于是，在膝盖弯曲的状态下，进化成能够将腿收进腹部羽毛中的姿势。这种姿势对人类来说，是相当痛苦的姿势，就相当于跷着腿坐在"空气座椅"上，用不了多久就会浑身哆嗦。

　　鸟类有连接脚后跟和脚趾的被称为跗跖骨的骨头，支撑着整个身体。与在空中飞翔的鸟相比，企鹅更多的时候是在陆地或冰面上活动，如凤头黄眉企鹅在岩石上蹦蹦跳跳，阿德利企鹅在冰面上行走。因此，它们的跗跖骨要比在空中飞翔的鸟的跗跖骨结实得多。

　　不仅是站着的时候，在走路的时候企鹅也一直处于坐在"空气座椅"上的姿势。我们看上去会觉得企鹅很辛苦，但是企鹅从一出生就是这种姿势，应该不会很辛苦。

【指的是哪种企鹅？】

王企鹅　帝企鹅　巴布亚企鹅　阿德利企鹅　帽带企鹅　北跳岩企鹅　南跳岩企鹅　马可罗尼企鹅　小蓝企鹅　开普敦企鹅　麦哲伦企鹅　洪堡企鹅

虽然看起来像绒毛，但其实全是羽毛

　　如果不了解情况，就会根据表象以为企鹅的全身都长着绒毛，实际上，这是很大的误解。企鹅属于鸟类，它的身体表面长着的看似绒毛，实际上是羽毛，而且密密麻麻长满全身。企鹅的羽毛与其他鸟类羽毛有所不同。企鹅不需要飞行，其羽毛也是以羽轴为中心，并且左右是对称的。而那些在天空中飞翔的鸟类，其翅膀上的羽毛出于获得升力所需，是以羽轴为中心，但左右是不对称的。

　　企鹅长着羽毛但不能飞翔。其羽毛相互交错在一起，整体就像一块柔软的布，可以防止羽毛里面的皮肤被弄湿，其保温效果很好。

　　另外，企鹅通过活动羽毛根部的肌肉来控制羽毛，在寒冷的时候让羽毛披挂着，天热的时候让羽毛立起来，以此来调节体温。

　　包括阿德利企鹅在内的生活在严寒地区的企鹅，它们的羽毛覆盖了其一半左右的喙。这也是一种防寒措施。

　　我们还不知道企鹅的意识水平达到什么程度，我们知道它们并不是"不能飞的普通鸟类"，它们的羽毛是出于生存需要——让自己在海里更容易捕捉到食物而自我进化来的。

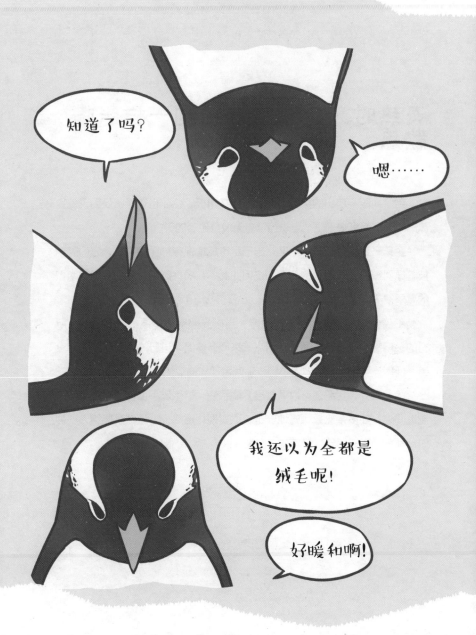

【指的是哪种企鹅？】

王企鹅　　帝企鹅　　巴布亚企鹅　　阿德利企鹅　　帽带企鹅　　北跳岩企鹅　　南跳岩企鹅　　马可罗尼企鹅　　小蓝企鹅　　开普敦企鹅　　麦哲伦企鹅　　洪堡企鹅

天热时，企鹅也会像狗一样张嘴散热

到了太阳不落山的极昼时期，即使在南极，企鹅也有能感受到天气变热的时候。南极很干燥，夏季经常有无风且温暖的天气。

企鹅一直生活在寒冷地区，出于尽可能地保存热量的需要，它们时刻披着像羽绒服一样保暖的羽毛。正因如此，在极昼时期，它们会觉得南极的夏季很热。

不仅仅是在南极，在其他地方，当阳光照射下体温上升的时候，所有的企鹅都会张着嘴，通过呼出热气来调节体温，进行"自我保护"。没错，任何一种企鹅都会做着小狗张嘴吐舌那样的散热动作。

除此之外，企鹅还可以通过展开鳍状翅，扩张皮下血管，立起羽毛来制造间隙，让多余热量顺畅地流走，以实现体温降低。虽然企鹅给人一种时刻都在御寒的印象，但其实它们也有很多需要降低体温的时候。

呼呼……

呼……

今天真热啊……

呼呼……

【指的是哪种企鹅？】

王企鹅　帝企鹅　巴布亚企鹅　阿德利企鹅　帽带企鹅　北跳岩企鹅　南跳岩企鹅　马可罗尼企鹅　小蓝企鹅　开普敦企鹅　麦哲伦企鹅　洪堡企鹅

太冷了就只让脚后跟着地

帝企鹅生活在寒冷的南极大陆沿岸。它们已经习惯了这里的寒冷，但偶尔它们还是会只用脚后跟着地，以尽量减少与寒冷地面的接触。这么做的原因是，天气太冷了，脚都冻透了。实际上，在天气太寒冷的时候，企鹅也会冻得难受。

但是，看起来像是企鹅脚后跟的地方，其实是鸟类特有的身体部位，被称为跗跖骨。类比到人的身上，就相当于连接脚趾和脚后跟的部分。

也就是说，企鹅的脚后跟藏在看起来像脚踝的地方。另外，企鹅的脚和脚蹼内血液在里面流动的血管构成了一种有趣的结构。这种血管结构的作用是，将"从身体末端把变冷的血液输送到身体中心的静脉"和"从身体中心通向身体末端的运送温暖血液的动脉"相互缠绕在一起。

企鹅动脉中温暖的血液，被输送到身体的末端后会一点点冷却。你可能会想："本来就冰冷的身体末端，再送来逐渐变冷的血液，会不会更冷？"其实，这样做正是为了缩小身体末端和外部环境的温度差。让身体末端变冷，可以减少热量流失。

〔指的是哪种企鹅？〕

王企鹅　帝企鹅　巴布亚企鹅　阿德利企鹅　帽带企鹅　北跳岩企鹅　南跳岩企鹅　马可罗尼企鹅　小蓝企鹅　开普敦企鹅　麦哲伦企鹅　洪堡企鹅

也只有企鹅，天冷的时候会想到做互推旋转游戏

　　体形最大的帝企鹅没有独自的巢和领地，而是集体行动。之所以这么说，是因为在出现被称为"雪暴"的暴风雪肆虐的寒冷时期，为了保持体温，帝企鹅会聚成一堆、互相贴着身体，抱团取暖，激烈旋转，这被称为"空转"。特别是代替雌企鹅保育或孵蛋的雄企鹅，在群体里"空转"的样子简直就像转动的白面馒头，非常精彩。

　　当然，处在团体外侧的企鹅需要承受最大的暴风雪，所以它们也需要到团体的内部取暖。内部的气温比外侧的气温高10℃左右。因而，看起来是大家互相协助，抱团取暖，但是为了抵御寒冷，处在团体外侧的企鹅脑中会有"我要到里面！我要到里面！"这样的想法。对它们来说，至少会想着移动到风吹不到的背风位置。由此，它们间便开始了没有谦让的位置之争，从而形成聚集在一起的一大堆企鹅激烈地旋转着的场景。

【指的是哪种企鹅？】

王企鹅　帝企鹅　巴布亚企鹅　阿德利企鹅　帽带企鹅　北跳岩企鹅　南跳岩企鹅　马可罗尼企鹅　小蓝企鹅　开普敦企鹅　麦哲伦企鹅　洪堡企鹅

我家的孩子在哪儿？

一旦离开父母，在被叫到之前就无法与父母相见

　　对于像阿德利企鹅这样筑巢繁殖的企鹅来说，巢的位置是返回家庭的重要定位标识之一。但是对于不筑巢的王企鹅属的帝企鹅和王企鹅来说，从海里捕食回来的时候，它们如何才能找到家人呢？

　　对于企鹅来说，比起眼力判别，它们更容易通过叫声来判别自己的家人。在小企鹅破壳而出的时候，父母和孩子都能通过听彼此的声音来在脑

中烙下"声音的印记"。因此，企鹅可以依靠叫声从庞大的企鹅群体中快速地找到自己的孩子。

　　特别是王企鹅，它们都是由数十万只组成一个大群体。王企鹅能从像海洋一样的棕色小企鹅群体及它们发出的吵吵嚷嚷的声音中寻找到自己的孩子，这着实令人很吃惊。王企鹅父母绝对不会让自己的孩子迷路，所以它们会发出很大的叫声来寻找孩子，然后毫不迟疑地把捕捉来的鱼给自己的孩子吃。小企鹅也会像呼喊"妈妈"一样发出"哔"的叫声，向父母表明自己的位置。也就是说，在自己的叫声被父母听到之前，小企鹅要一直在原地等待，不能为早点回到父母身边而去寻找父母。

【指的是哪种企鹅？】

王企鹅　　帝企鹅　　巴布亚企鹅　　阿德利企鹅　　帽带企鹅　　北跳岩企鹅　　南跳岩企鹅　　马可罗尼企鹅　　小蓝企鹅　　开普敦企鹅　　麦哲伦企鹅　　洪堡企鹅

与其走路，不如用肚子滑得快

我们可以这样说，帝企鹅是特意选择了陆地上没有天敌的南极。它们在企鹅物种中体形最大，不太擅长在陆地上行走。

在冰上移动时，帝企鹅经常会趴在地上用脚蹬冰面往前滑行。这种动作被称为平底雪橇（toboggan）滑行。现在我们还不能确定，如果帝企鹅排成一列滑行，会不会让冰面变得更滑，从而更容易滑行。不过，我们还是能够看到它们整齐列队滑行的身影。另外，它们的滑道不是凹凸不平

　的，而是经仔细检查后选择的易滑的冰面，然后一滑到底。

　　帝企鹅的身体很重，所以比起走路来，它们用肚子滑行反而更轻松，而且速度也很快。为了给小企鹅捕食，它们有时会滑行到数百千米外的海域。

　　顺便说一下，像阿德利企鹅等小型企鹅也会滑行。只是，它们身体轻盈，平时行走的速度较快。那么，拼命行走的阿德利企鹅，是不是羡慕那些不用走路，只用肚子滑行就速度很快的企鹅呢？

【指的是哪种企鹅？】

王企鹅　　帝企鹅　　巴布亚企鹅　阿德利企鹅　帽带企鹅　北跳岩企鹅　南跳岩企鹅　马可罗尼企鹅　小蓝企鹅　开普敦企鹅　麦哲伦企鹅　洪堡企鹅

虽然可爱，但得接受超级斯巴达教育

出生后的小企鹅简直就像布娃娃一样可爱，可爱得让人想一直在旁边看着。但出乎意料的是，企鹅的父母很严厉，对子女会进行严格的磨炼教育，然后才离开孩子。

当小企鹅长大，对食物的需求量变大时，父母双方都得去捕捞食物，小企鹅则在托儿所(共同保育所)等待父母归来。小企鹅会向捕食回来的父母讨要东西吃，但是父母不会马上给，而是带着它到处跑。小企鹅一边叫一边追着父母，因为还不能很好地掌握行走技巧，所以它在追赶父母时，会不停地摔倒。

我们认为，这是企鹅父母让子女练习走路方式和跑步方式的行为。为了让小企鹅适应水里的环境，企鹅父母会把它们带到海里。小企鹅就这样逐渐锻炼着做好独立的准备。

小企鹅长大后，突然有一天父母就不再回来了。受饥饿驱使，它只得在被逼无奈中自己捕食。

就这样，小企鹅们一只一只地独自成长。虽然小企鹅长着可爱的脸，但是企鹅父母仍然严格实行斯巴达式教育，这是一种很好的教育。

【指的是哪种企鹅？】

王企鹅　帝企鹅　巴布亚企鹅　阿德利企鹅　帽带企鹅　北跳岩企鹅　南跳岩企鹅　马可罗尼企鹅　小蓝企鹅　开普敦企鹅　麦哲伦企鹅　洪堡企鹅

为了调查研究，捕获企鹅时，千万别被打到

科考人员为了进行生物信标跟踪记录研究，首先要捕捉到企鹅。在捕捉企鹅时，为了尽可能不给企鹅带来压力，动作必须迅速、准确。通常是，捕捉人员一边竖着罩网，一边悄悄地接近正在陆地上呆立着的企鹅，争取一蹴而就。这时企鹅会变得慌慌张张地意图逃跑，因而在企鹅逃跑之前，捕捉人员得赶紧网住企鹅，然后抓住企鹅的脚，把它倒立过来。这个时候，捕捉人员必须留心企鹅的鳍状翅，一旦被因挣扎而发出"吧嗒""吧嗒"拍打声的鳍状翅打到，会很疼的。

当企鹅在巢里的时候，捕捉人员可以直接用手抓。有一次，在我为了抓住企鹅的脚而蹲下来的瞬间，企鹅那粗硬的嘴巴狠狠地啄了一下我的额头。这是只阿德利企鹅，它的喙虽然不是很尖，但是又粗又有力量。万幸被啄到的是额头，所以只是受了点轻伤；如果被啄到的是眼睛，那受到的伤害就会很严重。

通过安装在企鹅背上的记录仪，我们看到了企鹅的世界

安装记录仪时，先要把抓住的企鹅平放在地上，并用镊子把它背上的羽毛掀起来，接着在其下面贴上防水胶带，然后把记录仪放在上面，用胶布缠好、固定好。测量完外物体重后，要轻轻地放开企鹅，它就会若无其事地回到原来的地方。之后，它会去海边，一两天后再返回自己的巢里。

当安装了记录仪的企鹅返回后，只要再次抓到它，就可剥掉胶带，取回记录仪。我们可以把记录仪连接到电脑上，就能得到想要的数据。在对阿德利企鹅的调查研究中，当发现记录仪记录了很多数据时，那就是我们最开心的时候。

第 4 章

独家新闻！
充满萌趣的
企鹅事件

虽然长着可爱的脸，但企鹅们每天都能掀起万丈波澜！

从争夺鱼，到掠夺石头，

每天都在发生着让人类相形见绌的大事件。

本章介绍各种企鹅事件的始末。

夫妇之间啄嘴抢鱼

　　在养育孩子的时候，企鹅父母会把反刍后的食物放进小企鹅的嘴里。小企鹅在啄父母的喙的边缘时，就是在传递给父母喂食的信号。这时，父母会把肚子里的食物吐出来喂给它们吃。当然，胃里的食物正在被消化，吐出来时很黏稠。如果仔细看，还能看到一些鱼的形状。

　　一般来说，这种喂食行为是在企鹅父母和小企鹅之间进行的，但是在极少情况下，这种喂食行为也会在企鹅夫妇之间进行。这种情况一般发生在磷虾和鱼类较少的年份。当所有的企鹅父母都在挨饿的情况下艰难地养育孩子的时候，一旦雄企鹅从海里捕食回来，雌企鹅不再像以往那样轮替着去海里捕食，而是待在巢里不动身子。它会啄刚捕食回来的雄企鹅喙的边缘，半强迫着让雄企鹅吐出食物，然后将它吃掉。

　　看来，企鹅一旦被啄到喙的边缘，就会把胃里的食物吐出来。这与其说是互相帮助，不如说是一种抢夺。

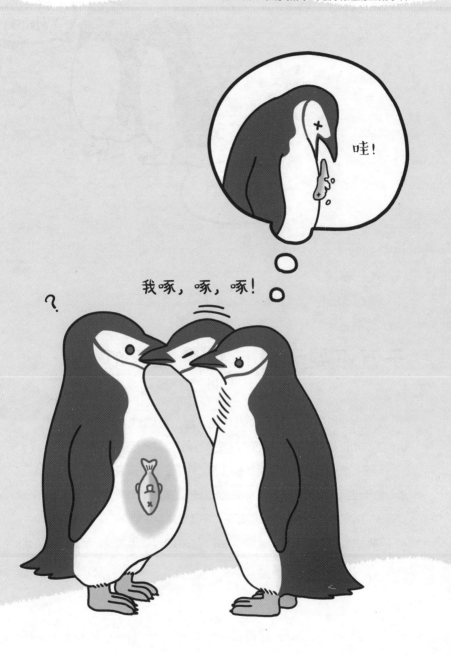

【指的是哪种企鹅？】

王企鹅　帝企鹅　巴布亚企鹅　阿德利企鹅　帽带企鹅　北跳岩企鹅　南跳岩企鹅　马可罗尼企鹅　小蓝企鹅　开普敦企鹅　麦哲伦企鹅　洪堡企鹅

千万不要大意！巢会被人盯上！

阿德利企鹅用石头建造浅坑状的巢。为了防止巢被融化的雪水淹没，也为了防止正在孵化的企鹅蛋受凉，它们会使用很多石头堆建巢。

但是，繁殖地的石头数量是有限的。就算企鹅群周围的石头都用来筑巢，也不够用。尽管如此，所有的企鹅都想建造一个漂亮的巢。如果找不到石头，它们就去偷其他企鹅的石头，由此经常发生争夺石头事件。

阿德利企鹅偷石头时，会装作漫不经心的样子接近其他企鹅的巢，接

着悄悄地用喙叼起一块小石头，然后一溜烟地逃走。在偷东西的途中若被主人发现，就会变成一场大吵大闹。

阿德利企鹅之间的纠纷各种各样。当两只企鹅吵得不可开交时，往往会出现另一只狡猾的企鹅——趁机将被偷的那块石头偷走。这真是鹬蚌相争，渔翁得利。为此，经常会有一些企鹅打着其他企鹅的石头的主意。

石头是强大的象征，是阿德利企鹅的宝贝，所以越多越好。在阿德利企鹅繁殖地，我们可以看到，既有像城堡的石墙一样漂亮的巢，也有简陋的巢，什么样的企鹅受欢迎，自然一目了然。

【指的是哪种企鹅？】

王企鹅　　辛企鹅　　巴布亚企鹅　阿德利企鹅　帽带企鹅　北跳岩企鹅　南跳岩企鹅　马可罗尼企鹅　小蓝企鹅　开普敦企鹅　麦哲伦企鹅　洪堡企鹅

有时会落入渔夫的网中

　　企鹅的一生中有很大一部分时间是在海里度过的，所以它们经常会被渔夫的网缠住。渔夫一旦发现企鹅落入网中，一般会马上把它放生回海里。但是在以前的南极探险队，有人会直接把它当作宠物养在船上。

　　据说在某些地区，企鹅非常受人类喜爱。在秘鲁和智利，人们亲切地称企鹅为"小男孩"，据说以前家家户户都养企鹅，这着实让人很惊讶。

　　说到底这只是个传说，要饲养企鹅，就要花费很大的物力和精力。首先，企鹅每天要吃很多鱼，所以饲养费用很高；其次，企鹅一到晚上就会大声鸣叫，所以需要采取一定的隔音措施。最重要的是，企鹅的粪便散发出的臭味非常重。加上企鹅本身也有腥味，所以要采取相应的对策，以确保企鹅周围的人不被腥臭气味熏着。如果谁真的想养企鹅，事先就要有相当的心理准备。

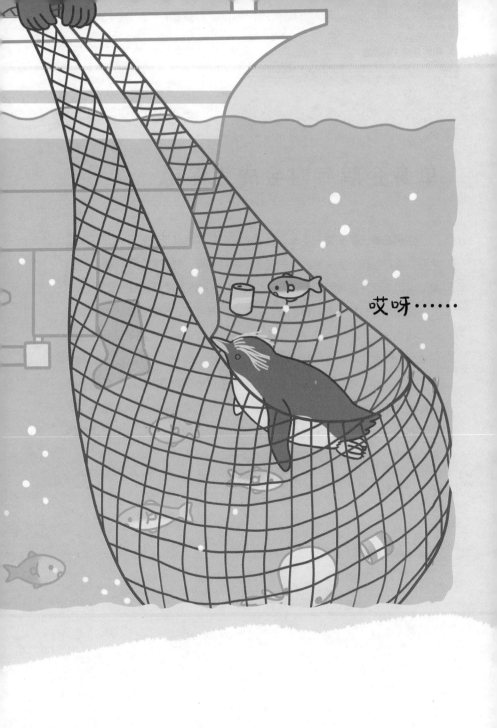

哎呀……

【指的是哪种企鹅？】

王企鹅　帝企鹅　巴布亚企鹅　阿德利企鹅　帽带企鹅　北跳岩企鹅　南跳岩企鹅　马可罗尼企鹅　小蓝企鹅　开普敦企鹅　麦哲伦企鹅　洪堡企鹅

单身企鹅有时会成为保镖

　　企鹅基本上是一夫一妻制，自彼此相中后，就会长相厮守，并尽夫妻之责，繁衍后代。大多数种类的雄企鹅都会筑巢，并在巢边等待雌企鹅到来。它们用张开翅膀的求爱姿势吸引雌性，这被称为"忘情的展示"。

　　如果求偶成功，那自然很好，只是有些雄企鹅一时吸引不到雌企鹅。没能找到伴侣，也没有孩子，对于孑然一身的雄企鹅，它是不是会感到脸上无光呢？其实不是这样的。

　　在繁殖期，单身雄企鹅会在保温孵蛋的其他企鹅周围徘徊，起到保镖一样的作用。专打企鹅蛋和小企鹅坏主意的贼鸥等天敌来了时，单身企鹅可能是出于本能，会冲着天敌进行激烈的威吓，并赶走它们。如此勇敢的单身企鹅，我们还是祈祷它早日找到另一半吧。

有企鹅和外星人通信？！

　　企鹅通过固定的动作和叫声来进行交流。这就是所谓的"展示"。在这种展示中，有前文介绍过的"忘情的展示"的求爱行为。

　　这时，雄企鹅立在巢的正中间，对雌企鹅说："这里有现成的家！"这就是表达推销和宣传自己的意思。它的喙朝着正上方伸展，同时将鳍状翅前后振动，并发出"呱呱呱呱"的绝对不能说是好听的叫声来演唱。这只是它展示行为中的一种，也不只是求爱时才会进行这样的展示。

呱!

　　只要观察阿德利企鹅，我们就会发现，那些已经育有小企鹅的成年企鹅夫妇，只要其中有一只开始做这个动作，周围的其他企鹅也不知为何就都被它带动起来，一起吧嗒吧嗒地拍打翅膀，一起大声鸣叫。

　　这种场景一般持续五六分钟就结束了，只是这种场景简直就像是阿德利企鹅在和外星人通信一样，相当怪异。由此可见，企鹅是一种拥有很多谜团的动物。

【指的是哪种企鹅？】

王企鹅　　帝企鹅　　巴布亚企鹅　　阿德利企鹅　　帽带企鹅　　北跳岩企鹅　　南跳岩企鹅　　马可罗尼企鹅　　小蓝企鹅　　开普敦企鹅　　麦哲伦企鹅　　洪堡企鹅

吃多了就像相扑选手一样

  雌帝企鹅产蛋后就把蛋交给雄企鹅孵育，然后去100千米以外的海域进行捕食。因为产蛋耗费了很大体力，所以雌企鹅先去捕食。在它去捕食期间，雄企鹅什么都不吃，专心保温孵蛋。帝企鹅可以停食长达4个月，除了雪以外什么都不吃。另外，因为企鹅每年都要换一次羽毛，在换羽期间不能下海捕食，所以每只企鹅都要停食2~4周。

  为了应对即将到来的停食，企鹅会在能吃的时候尽量多吃，把肚子填满。每只企鹅可以把相当于体重10%的食物轻松地吃进肚子里。也就是说，体重3千克的企鹅可以一次性吃进300克的食物。相比而言，如果30千克的人一次性吃进3千克的食物，难道你不认为这个人拥有相当大的饭量吗？

  因此，企鹅吃饱后肚子鼓鼓的，简直就像人的啤酒肚，走起路来就像相扑选手那样，一步一步地慢慢走。

【指的是哪种企鹅？】

王企鹅　帝企鹅　巴布亚企鹅　阿德利企鹅　帽带企鹅　北跳岩企鹅　南跳岩企鹅　马可罗尼企鹅　小蓝企鹅　开普敦企鹅　麦哲伦企鹅　洪堡企鹅

企鹅博士在南极 ④

发生了什么？与以往不同的南极景象

如果南极的冰层消失，在企鹅身上会发生什么呢？它们失去生活的立足点，会陷入我们通常认为的那样的危机吗？

以前，南极考察基地前面的大海被厚厚的洁白冰层所覆盖。然而，在2016—2017年，受风向的影响，冰块漂散，浮在海面。这时，我们看到了令人震惊的现象。

通常，企鹅会在冰面上慢慢移动，寻找冰面裂缝，然后跳进海里捕鱼。但是，在冰层消失的时节，我们看到企鹅在大海中自己喜欢的地方畅快地游动，尽情地潜水。

企鹅告诉我们南极和冰的真正关系

平时清澈的大海，在没有冰层的季节里，海水变得浑浊不堪。不仅如此。随着冰层的消失，阳光直接照射到海面，浮游植物大量出现了。同时，企鹅的猎物磷虾也大量出现了。

这种变化的结果是，在冰层消失的季节里，企鹅比往年都胖。小企鹅

也从父母那里得到更多的食物，异常茁壮地成长。也就是说，冰层消失了，对企鹅来说是非常开心的事情。这与"南极的冰层一旦减少，野生动物就麻烦了"的一般认知完全相反。

我们看到的只是在广阔南极大陆的一个角落里发生的现象。冰层的消失是由风向引起的，并不与地球变暖直接相关。尽管如此，我觉得企鹅教会了我们，不能被先入为主的观念所束缚，并且让我们领会了进行自然科学探索的难度和有趣之处。

第 5 章

听听饲养员怎么说!

水族馆里充满萌趣的企鹅

听听在水族馆等地方的企鹅饲养员

介绍企鹅们的有趣小故事。

如果有兴趣,

我们一起去见见可爱的企鹅吧!

即使是同雌性伴侣，也有孵育企鹅蛋的时候

就孵育企鹅蛋来说，很多人会认为"只有产蛋的企鹅夫妇才会孵育"，但实际上，存在企鹅夫妇把蛋托付给其他企鹅来孵育的情形。

在日本新江之岛水族馆里，有一对名叫芝麻和曲奇的企鹅情侣，它们养了一只叫小秋的小企鹅，所以它们被认为是小秋的父母。但经过仔细调查后发现，小秋的母亲是其中叫芝麻的雌企鹅，但它的父亲是另一只叫波波的雄企鹅。并且，我们还发现芝麻的现伴侣曲奇竟然也是一只雌企鹅。也就是说，芝麻和曲奇是一对雌性伴侣。

由此可知，即使是雌性情侣，也可以分别和其他雄性交配产蛋，然后互相合作养育后代。不管是什么样的形式，能够和互相喜欢的人待在一起，果然是比较好的呢。

雄性情侣的结局和电视剧一样精彩

日本东北野生动物园里有两只非常要好的雄开普敦企鹅。它们分别叫小西先生和黑田先生。它们生活在同一个小屋里，进行模拟交配，像孵化企鹅蛋一样抱着小石头。

但是，即使关系再好，雄性之间也不能繁殖后代。过了一年左右，小西和雌企鹅中村成了好朋友。从那以后，小西就在之前与黑田一起居住的小屋旁边和中村同居了。尽管见异思迁，但刚开始小西还来往于两个小屋之间，只是不久后就只在雌企鹅的小屋里生活了。

黑田好几次去中村的小屋想接小西回来，但都没能成功。它一直站在小屋的前面，看着小屋里与中村在一起的前男友的背影，非常悲伤。

还好，黑田遇到了下一个伴侣，并与新的合作伙伴甜蜜地开始了新的恋爱生活。顺便说一下，据说它的新伴侣也是雄性。

企鹅界也有过度保护的家庭

　　如果是同种群的企鹅，它们养育孩子的方式会不会很相似呢？其实也不尽然。实际上，在东北野生动物园有3对生活了很多年并繁殖了好几次的开普敦企鹅，它们养育孩子的方式完全不同。

　　其中有一对企鹅的孩子在过度保护下长大，它怎么也不想离开父母。同时期出生的另一对企鹅的孩子虽然可以靠自己的力量进食，但也一直从父母那里获得食物。既有让小企鹅经历均衡成长过程直到离巢为止的模范性家庭，也有不知为何总是怀抱着小企鹅成长的家庭。由于教育方式不同，小企鹅的性格也会有所不同。企鹅和人一样，在成长环境中性格也会发生变化。

　　另外，由人工饲养长大的小企鹅，长大后也有黏人的倾向。还有，企鹅会择偶，也会认真地繁殖后代，但基本上都会互相吃醋。如果饲养员只饲养一只，肯定就有企鹅来捣乱。

即使在自然界里是敌人，但在水族馆里和海豹关系超好

东北野生动物园的企鹅都有自己的名字。之前所取的都是大众流行的名字，后来因为一只叫小林的企鹅成了人气王，所以人们就把紧接着出生的一只企鹅取名为美川，期望"成为小林的好对手"，之后就变成了现在这样的取名方式。其中，2015年出生的出川先生和人气偶像团的5位成员在网上已成为热点话题，它们的名字都很有趣。

在东北野生动物园，我们可以看到企鹅骑在海豹背上的情形。对于野生企鹅来说，海豹是它们的天敌。也许是因为它们生活在同一个饲养场，企鹅父母和其他成年企鹅没有教它们知道海豹是天敌，所以它们每年都会骑在海豹的背上。只是，这种行为只有在企鹅还很小的时候才能看到。长大成年后，它们便突然间不再骑在海豹背上。虽然不知道其原因，但是海豹们好像也习惯了，即使企鹅骑在背上也毫不在意。

我也想快点骑上去……

有只企鹅爱上了饲养员

日本松江福格尔公园的雌开普敦企鹅小樱，在自己亲密的雄企鹅同伴武藏死后完全没了精神。

但是大约两个月后，小樱找到了新的爱慕对象，天天跟在对方后面转来转去，摆出求爱姿势猛追。只是，有一个问题……它的爱慕对象是人类（饲养员）。

那个饲养员的声音和企鹅的叫声很像，大概是因为他的声音是小樱喜欢的声音，所以小樱才加以追求的吧。

据说在武藏生前，那个饲养员在附近发出声音时，武藏就会使劲叫嚣，以盖过他的声音。这也许是出于竞争心理吧。

确实，那个饲养员也很受其他雌企鹅的欢迎。为此，当他照顾其他企鹅时，小樱往往会跑过来"吃醋"。只是，现在他已经不再从事这份工作了。

哇！

小樱♀

王企鹅有时会把冰块当作企鹅蛋孵育

王企鹅是一种不筑巢的企鹅，产下的企鹅蛋由雌雄企鹅轮流放在脚上保温孵育。遗憾的是，有时也会有企鹅无法成功配对。

单身的雄王企鹅通常不会抱蛋孵育。然而，曾经有一只在海游馆饲养的王企鹅，它小心翼翼地抱着脚上的东西。

"它不可能有企鹅蛋，为什么会孵蛋？"满是疑问的工作人员走到它跟前进行确认，原来它抱着的不是企鹅蛋而是冰块。

我们不知道这只雄企鹅的真正用意。是有什么东西激发了它的父性吗？还是单纯为了排解无法进行抚育的寂寞呢？当这只雄企鹅脚上的冰被拿掉后，它还坚持了一个多星期的孵蛋姿势。其间，它规规矩矩地停食，一口食物也没吃，最后饲养员只好把食物喂给它吃。

有时会在妻子外出时把外遇对象带到巢里来

　　巴布亚企鹅和其他企鹅一样，基本上是一夫一妻制。成对的两只企鹅全年都在一起，不过到了繁殖期，雄企鹅就会再次求婚。8月下旬以后，在日本名古屋港水族馆我们就能看到这样的情形：原本很稳定的一对，其中一只被甩了，另一只脚踏两条船。看来企鹅界的婚姻生活也不是一成不变的。

　　此外，还有往返于两个巢之间的来往婚姻，也有在同一个巢里伏着两只雌企鹅的情形；还有趁原配伴侣不在时，把新找的对象带进自己的巢，然后将赶回来的原配伴侣赶出去的情况；还有一些我们无法跟踪的行为……简直就是丑恶的企鹅世界。

　　但是，一旦伴侣临近产蛋期，出轨的雄企鹅也会好好地保护伴侣，以免伴侣被其他雄性打扰。"我还是最喜欢你的！"雄性企鹅还是会做出这样的举动来支持伴侣产蛋。

有只企鹅迷上了动漫角色

在2017年4—9月举行的日本东武动物园与人气动画的合作企划期间，洪堡企鹅葡萄君一举成名。企划的主题是，"将动漫角色的展示板放置在作为原型的动物饲养馆里"。园方为此在洪堡企鹅馆里放置了印有雌洪堡企鹅的展示板，结果葡萄君一直盯着它看。

很快，"恋上动画角色的企鹅"在新闻和社交媒体上广泛传播，一度成为热点话题。葡萄君也很受欢迎，合作企划非常成功。因为葡萄君最喜欢的地方就是展板前面，所以企划结束后展板也继续保留展示。但是，之后葡萄君陷入身体不适状态。对于一只洪堡企鹅来说，21岁已经是高龄企鹅了，很快葡萄君便去了天国。展板上的"她"守护着葡萄君到最后一刻。恋爱时的葡萄君可爱幽默的样子今后会让很多人想起吧。

被吓得拍翅乱跑

　　我想大家所熟悉的是双足可爱地步行的企鹅们的身姿。但是，当被什么吓到而惊慌失措地逃跑的时候，洪堡企鹅往往会使用鳍状翅啪嗒啪嗒地拍打，然后以四脚乱爬的样子移步。如果附近有游泳池，它就躲进游泳池；如果没有游泳池，它就躲进附近的巢里。

　　通常企鹅会使用固定的巢，"一对企鹅一个巢"。企鹅平时会好好保护自己的巢，不会去其他伴侣的巢，但是慌不择路时，它往往会一头扎进其他伴侣的巢。

　　这时，对原本在巢中的企鹅来说，突然进来一只陌生的企鹅，它应该会被吓一跳吧。当然，它会对进巢的企鹅进行威吓并赶走它。这样一来，被赶出去的企鹅就更加慌乱了。

结束语

看了企鹅充满萌趣的各种逸事，大家觉得怎么样呢？明明做到了很好的程度，却还总觉得有点可惜。是的，它就是企鹅这种鸟类。

最后，我想从迄今为止看过的逸事中，根据我个人的武断和偏见来选择"萌趣大奖"。

这次荣获大奖的奖项是——"企鹅不飞的痛苦理由"！

因为只有这个奖项最痛苦吧。请考虑一下，所有的鸟类都是从陆地上的爬行动物进化而来的，都经历了相当长的时间，终于得到了羽毛和翅膀，使身体轻量化，获得了在空中飞翔的出色能力。

可是，企鹅意外地抛弃了祖先历经数千万年的进化积累，放弃了好不容易获得的在空中飞翔的能力而进入大海。

在海岸呆呆地站着的企鹅，抬头望着空中飞翔的鸟儿时会说"是失败了吗……"也许它会这么想。对于这样的企鹅，大家一起说些暖心的话吧。

"没什么。尽管如此也要坚强！"